北京市科学技术委员会
科普专项资助

太空豆豆

——漫话中国航天育种

北京神舟绿谷农业科技有限公司 编著

中国宇航出版社
·北京·

图书在版编目(CIP)数据

太空豆豆:漫话中国航天育种 / 北京神舟绿谷农业科技有限公司编著. -- 北京: 中国宇航出版社, 2016.1 (2020.10 重印)

ISBN 978-7-5159-1070-3

Ⅰ.①太… Ⅱ.①北… Ⅲ.①航天科技-应用-育种 Ⅳ.①S335

中国版本图书馆 CIP 数据核字(2015)第 320259 号

责任编辑　黄　莘
责任校对　王　妍　王雪瑞　　装帧设计　宇星文化

出版发行　中国宇航出版社
社　址　北京市阜成路 8 号　邮　编　100830
(010)60286808　(010)68768548
网　址　www.caphbook.com
经　销　新华书店
发行部　(010)60286888　(010)68371900
(010)60286887　(010)60286804(传真)
零售店　读者服务部
(010)68371105
承　印　天津画中画印刷有限公司

版　次　2016 年 1 月第 1 版
2020 年 10 月第 2 次印刷
规　格　880×1230
开　本　1/24
印　张　7.25
字　数　129 千字
书　号　ISBN 978-7-5159-1070-3
定　价　29.00 元

序

孩子的生活里，最不缺的就是好奇心。

他们用清澈纯净的眼神打量着这个世界，用耳朵去倾听动物的语言，用手指去触摸植物的枝叶。每时每刻，他们都在用天马行空式的想象，向大人传递着他们对这个世界的神奇破译。

此刻，除了惊叹，除了欣喜，我们该做的，是为他们的想象世界点亮一盏灯。而这盏灯，就是阅读。在这个知识经济迅猛发展、科学技术日新月异的时代，科普教育的重要性愈加突显。青少年正处于储备知识和培养思维方式的黄金时期，一本引人入胜的科普读物尤为重要。

科学也可以如此“接地气”。豆豆家族的祖先，在人类遍尝百草之后，从众多植物中脱颖而出，繁衍壮大，成为我们日常生活中不可或缺的一分子。本书第一章便以谐趣横生的卡通造型、精彩绝伦的配图，娓娓道来豆豆的由来。小节中，栩栩如生的图画以及生动、形象的文字，向读者展示了豆豆家族中的常见蔬菜，或漂洋过海，或跋山涉水，在我国广袤的土地上壮大的经历以及其营养价值。在这样引人入胜的阅读环境中，青少年不仅可以

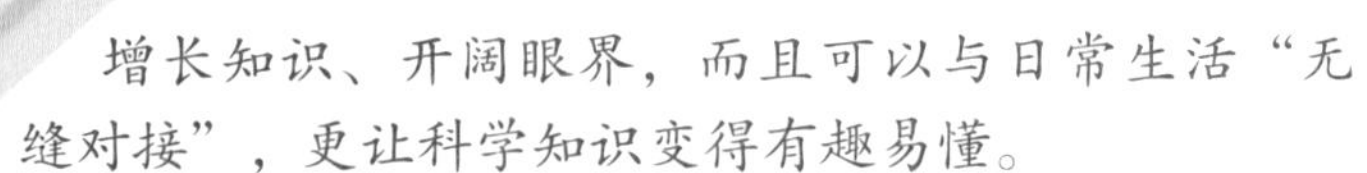

增长知识、开阔眼界，而且可以与日常生活“无缝对接”，更让科学知识变得有趣易懂。

作为一本科普读物，第二章首先介绍了育种方式的发展历史，按照时间顺序，形象地展示了从公元6世纪的古代中国人工选育到现代转基因育种、航天诱变育种等的演变。随后分别介绍了国外航天选育的发展史，以及随着我国航天科技进步而日益增强的航天育种技术。生动活泼的漫画以及有趣的阅读体验，深深地激发了青少年的民族自豪感。

以前两章为基础，第三章则以豆豆为主角，讲述了从飞天梦到地面选拔、豆豆飞天、地面选育以及豆豆太空身份审定记的经历。拟人手法以及第一人称的使用，使太空豆豆的形象更加丰满，故事更加灵动。不知不觉中，青少年就可了解航天选育的复杂过程，从而对航天科技更加充满了求知欲与探索欲。

正所谓：读史使人明智，读诗使人灵秀，数学使人周密，科学使人深刻。凡有所学，皆成性格。在孩子们的世界，科学从未如此引人入胜。我们所居住的世界，甚至是每日食用的蔬菜，也从未如此充满惊奇和美妙。

北京神舟绿谷农业科技有限公司倾力打造的这本科普读物，力图通过漫画的表现手法，让孩子们在轻松与愉悦之中，走近历史，走向国际，走向太空，遨游在科学的海洋，探索宇宙和世界的奥秘，思索人类的未来。

让我们为孩子们的想象世界点燃这盏科普之灯吧！

北京神舟绿谷农业科技有限公司董事长　朱琳

2015年11月18日

目录

第一章 豆豆的由来

第二章 豆豆家族选育记

第三章 太空豆豆选育记

第一章
豆豆的由来

豆豆家族兄弟姐妹众多，而且每个成员都大有来头哦！茄子原产于古印度；正宗的辣椒之乡地处南美洲的热带雨林；番茄由于外表艳丽诱人，曾让人“远观而忌食”……豆豆家族祖先跟随着人类迁移的脚步，漂洋过海，跋山涉水，适应自然，发展壮大……书写出一部令人惊叹的“豆豆史书”！

豆豆家族的由来

人类尝遍百草，历经千辛万苦，终于把五谷、蔬菜及药物等从植物中优选出来，它们就是豆豆家族的祖先。

豆豆家族祖先的果实起初都比较瘦小，经过人类代代选育，终于成为现在的模样。

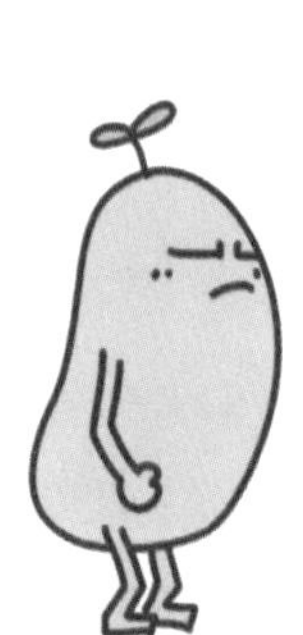

豆豆家族兄弟姐妹众多，仅蔬菜一族就有茄子、辣椒、番茄、豇豆、菜豆、葫芦及南瓜等。

豆豆家族祖先跟随着人类迁移的脚步，或漂洋过海，或跋山涉水，在广袤的土地上不断发展壮大。

豆豆家族之茄子

茄子原产于古印度，分紫茄、青茄和白茄。

西汉时期，茄子随着商人的脚步，从南方丝绸之路传入中国，已有2000多年的栽培历史。

茄子从南方丝绸之路传入成都后，逐步走向全国。

茄子祖先刚进入中国时为圆形，元代时培育出长形茄子。

魏晋南北朝时，《齐民要术》中记载茄子的做法是用文火焖熟。

茄子营养丰富，特别是维生素P的含量很高。维生素P能使血管保持弹性和生理功能，防止硬化和破裂。

茄皮中含有大量营养成分和有益健康的B族维生素。食用时最好不要削皮。

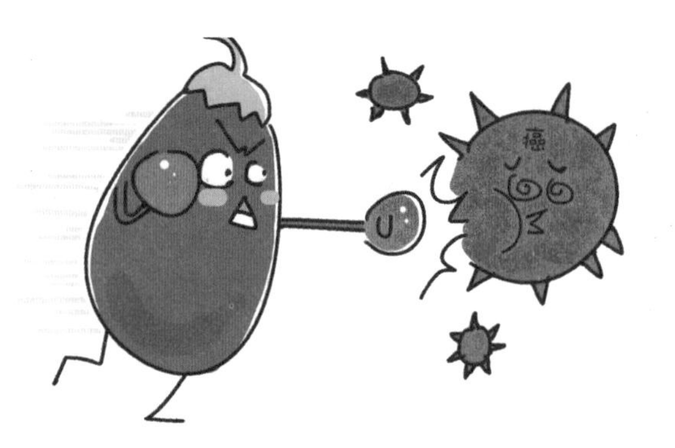

研究发现，茄皮的抗癌活性最强，其效力甚至超过了抗癌药物——干扰素。

我国茄子种质资源十分丰富，有1600多种，是目前世界上保存茄子种质资源最多的国家。

豆豆家族之辣椒

正宗的“辣椒之乡”，在南美洲圭亚那卡晏岛的热带雨林中。

最早栽种辣椒的是印第安人，它是人类种植的最古老的农作物之一。

15世纪末哥伦布发现美洲新大陆后，辣椒也随之传入欧洲，作为盆景欣赏。

明朝末年，辣椒作为观赏花卉传入中国，汤显祖的《牡丹亭》中就有“辣椒花”。

辣椒传入中国有两条途径，一是声名远扬的丝绸之路，从西亚进入新疆、甘肃及陕西等地进行栽培，故有“秦椒”之称。

二是经过马六甲海峡进入中国的云南、广西及湖南等地，然后逐渐向全国扩展。现云南西双版纳原始森林里仍有半野生型的“小米椒”。

长江中上游地区山多雾大，冬季冷湿，祛寒湿的需求让人们养成了吃辣椒的习惯。

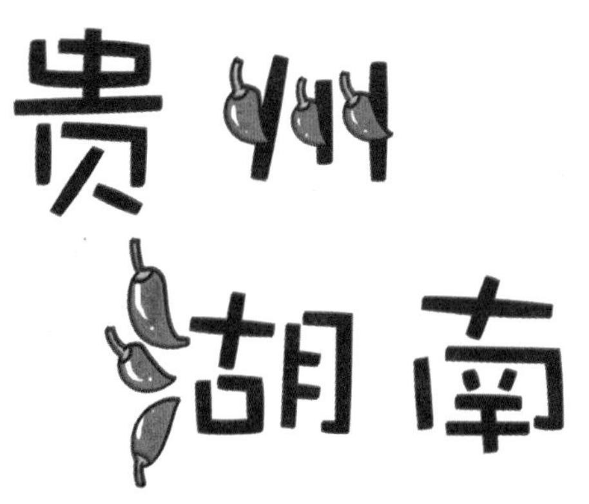

贵州、湖南一带最早开始吃辣椒，是在清朝乾隆至嘉庆（1796-1820）年间，普遍开始吃辣椒是在道光以后。

在食盐缺乏的贵州，清朝康熙年间“土苗用以代盐”，并出现了“贵州人辣不怕，四川人不怕辣，湖南人怕不辣”的说法。

辣椒维生素 C 含量高，在蔬菜中名列前茅。对预防感冒、动脉硬化、夜盲症和坏血病有比较好的效果。红辣椒在民间享有“红色药材”的美称。

我国西北部地区蔬菜品种少，辣椒成了当地人补充维生素 C 不可或缺的食物。

辣椒是传入中国境内最晚却用量最大、最广泛的香辛料，目前 75% 的中国人吃辣椒。

中国历史上栽培规模大的“四大椒乡”——河北望都、河南永城、山西代县和山东耀县。

辣椒不仅可以鲜食，还可加工成辣椒酱、辣椒丝（粉）及泡椒等。

最奇异的酒是美国西南部用辣椒酿造的“茄拉攀诺”白酒，具有开胃、强身、健脾、增食和提神作用。

吉尼斯纪录中最辣的辣椒为英国人杰拉尔德·福勒培育的“那伽毒蛇”，辣度为138万单位，号称“辣掉你的头”，吃上一口就要立刻送医院。

世界最辣的辣椒是产自澳大利亚的“特立尼蝎子布奇T”，辣度为146万单位。吃上一口犹如把一块烙铁放在舌头上。

中国最辣的辣椒是云南的涮涮辣，辣度为44万单位。只要把它放到清水里涮一下，整锅清水就辣得不得了。

中国拥有的不同辣椒种质资源达 2000 多种。

豆豆家族之番茄

番茄原产于秘鲁，叫“狼桃”，因其艳丽诱人，人疑有毒，只观赏而不敢吃。

16 世纪，英国人俄罗达拉从南美洲将番茄带回英国，并作为爱情的礼物献给了伊丽莎白女王，从此，"爱情果"之名就广为流传。

到了 17 世纪，有一位法国画家实在抵挡不住它的诱惑，冒着生命危险吃了一个。

画家不仅没有被毒死，而且感觉酸甜可口，

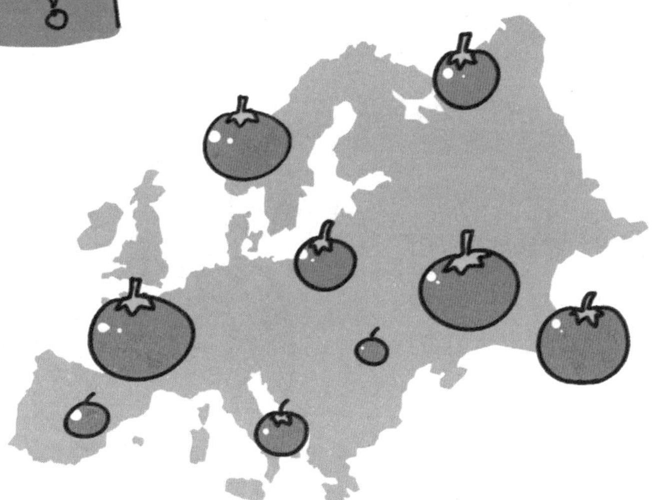

此后的一个世纪，整个欧洲都食用番茄了。

番茄由传教士在明代万历年间传入中国。

番茄富含番茄红素和维生素C，能提高人体细胞自我修复能力和免疫力，是世界卫生组织推荐的抗癌首选食品。

我国科学家通过群体遗传学分析，揭示了番茄果实变大，经历了从醋栗番茄到樱桃番茄，再到大果栽培番茄的两次进化过程。

番茄品种很多，按果实颜色可分为大红、粉红、黄色、绿色及紫黑色等。

豆豆家族之豇豆

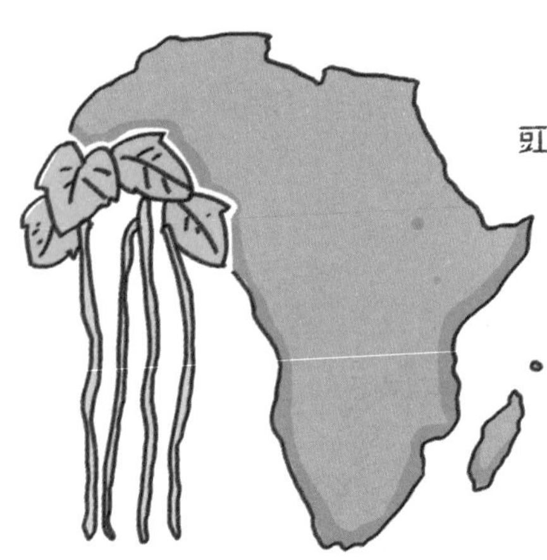

豇豆原产于非洲西部。

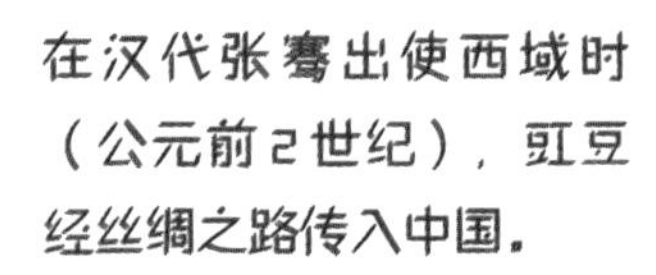

在汉代张骞出使西域时（公元前2世纪），豇豆经丝绸之路传入中国。

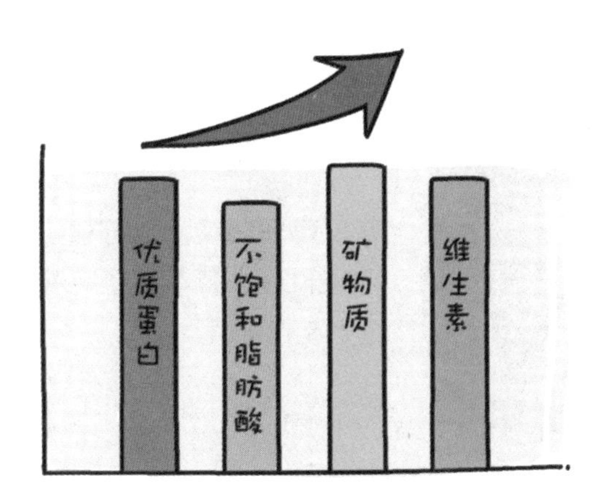

豆类含有较多的优质蛋白和不饱和脂肪酸，矿物质和维生素含量也高于其他蔬菜。

豇豆除有健脾、和胃作用外，最重要的是能够补肾。

豇豆可作蔬菜，也可加工为罐头和速冻蔬菜，还可腌渍或者制作泡菜。

中国拥有豇豆种质资源达 2000 多种。

豆豆家族之菜豆

菜豆又称芸豆（俗称四季豆），原产于中南美洲。从野生菜豆演变成今天栽培的菜豆，至少经历了七八千年的时间。

菜豆在16世纪末由欧洲传入中国。菜豆含有皂苷、尿毒酶及多种球蛋白等独特成分，具有提高人体免疫力、增强抗病力及抑制肿瘤细胞发展等作用。

菜豆籽粒中含有一种毒蛋白，必须在高温下才能被破坏，所以食用菜豆必须煮熟煮透。

食用菜豆对由脾胃虚弱导致的食欲不振、腹泻及呕吐等症状，可以起到一定的治疗效果。

南美洲哥伦比亚的国际热带农业中心（CIAT）是世界上最大的菜豆种质收集中心，迄今已收集了40000多个菜豆属的材料。

豆豆家族之葫芦

在距今约 7000 年的浙江河姆渡文化遗址中，曾发现小葫芦的种子，比埃及古墓中发现的葫芦要早 3000 余年。

西汉《氾胜之书》记载了种大葫芦的嫁接法，以多棵葫芦供养一棵秧子生长，结出大个的葫芦。

嫩的葫芦作为蔬菜食用。可烧汤、做菜、腌制，也可晒干。

葫芦是古代装药、酒、水的容器。

葫芦可制成舀水的瓢，也是农业播种的农具。

葫芦在古代可以制成葫芦舟，用于渡河。

葫芦可用于把玩，也可制作成工艺品，如范制葫芦、火画葫芦及刀刻葫芦等。

葫芦的种类很多，有亚腰葫芦、宝葫芦、单肚葫芦、长柄锤形葫芦、太极葫芦、美国扁葫芦、鹤首葫芦等。

豆豆家族之南瓜

南瓜原产于中、南美洲，早在公元前 8500 年，美洲南瓜就伴随着人类。

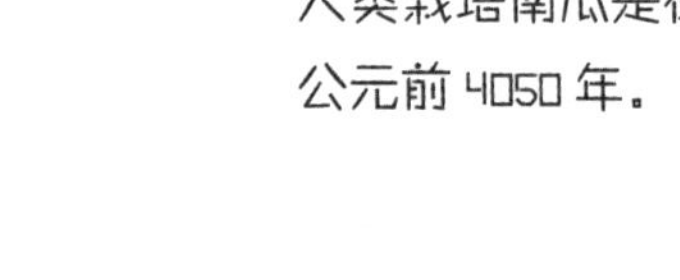

人类栽培南瓜是在公元前 4050 年。

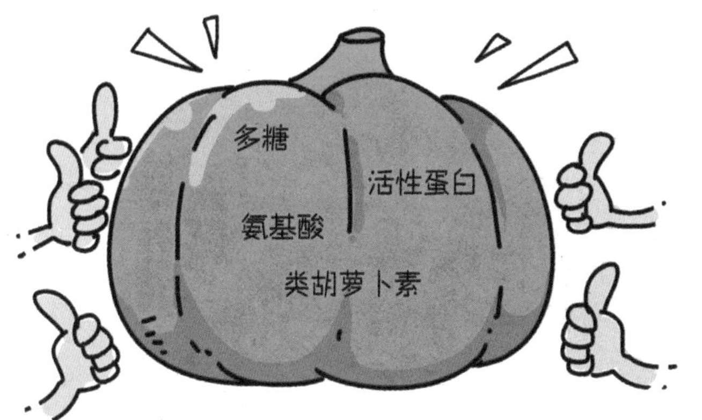

南瓜营养丰富，富含对人体有益的多糖、氨基酸、活性蛋白、类胡萝卜素及多种微量元素等。

中国和印度是世界上两个南瓜主产国，其中中国的栽培面积居世界第二，总产量居世界第一。

南瓜有圆形、扁圆形、长圆形、纺锤形或葫芦形，成熟后有白霜。

观赏南瓜既可观赏，又可食用。主要品种有福瓜、佛手南瓜、柑南瓜、瓜皮南瓜、龙凤南瓜、白蛋南瓜及金童南瓜等。

大南瓜属于西洋南瓜的一种，重量可达数百斤，可作为摆设。

第二章
豆豆家族选育记

优胜劣汰，适者生存。从古时候的人工选育到如今诱变技术的推广应用，豆豆家族紧跟着人类前进的步伐，历经考验与选拔。豆豆家族不仅在地面发展壮大着，还有一些幸运的豆豆“搭乘”卫星，成为太空游客……

豆豆家族育种发展史

公元前6世纪的《诗经》中就有“嘉种”的记载，标志着人类有意识选育活动的开端。

中国最早记载的人工选育方法是穗选法，载于公元前1世纪的《氾胜之书》。

清朝的康熙皇帝就运用单株选择法，成功选育出"早熟、高产、气香"的水稻优良品种——"御稻"。

1859年，达尔文发表了《物种起源》，提出了变异性、遗传性和自然选择的生物进化三因素理论，在科学史上首次揭开生物进化的奥秘。

1876年，奥地利孟德尔通过一系列的豌豆杂交实验，发现了孟德尔遗传定律并指导作物育种，新的杂交育种技术由此产生。

20世纪70年代中国杂交水稻的成功培育，大幅度提高了中国和世界稻米的产量。

20世纪70年代末，诱变技术开始用于培育新品种，分为物理诱变和化学诱变。

同位素放射诱导变异技术是地面物理诱变育种最常用的方法。

诱变育种特点：提高突变率，缩短育种年限，改良品种特性，变异的方向和性质不定。

航天诱变育种是利用太空环境作为物理诱变因子，各种条件综合作用使生物产生基因突变。

太空环境与地球表面的主要差异有：微重力，宇宙射线，重粒子，变化的磁场及高真空等。目前太空环境在地面还不能人工模拟。

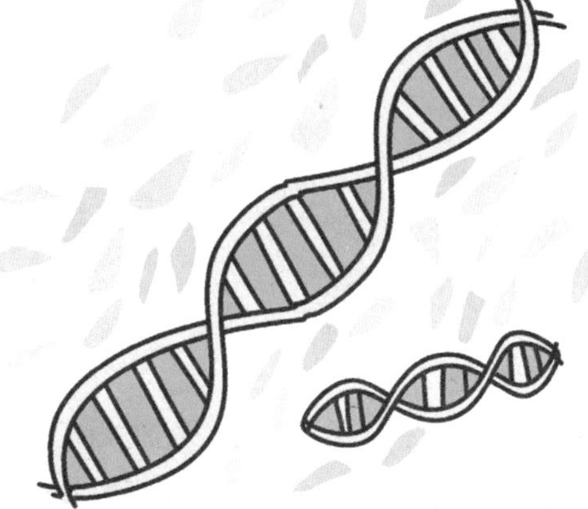

转基因育种技术始于1983年，是将一种生物的DNA片段转入另一种生物体基因组中，引起生物体性状可遗传变化的一项育种技术。

到1994年，美国农业部（USDA）和美国食品与药品管理局（FDA）批准了第一例转基因作物——延熟保鲜转基因番茄进入市场。

目前已进入商品化生产的转基因作物有玉米、棉花及水稻等。

我国已批准转基因番茄、甜椒、矮牵牛、杨树及番木瓜等的商业化生产。

中国是世界上最早开展生物技术育种的国家之一，虽与美国相比整体实力仍有差距，但大幅领先于其他发展中国家。

豆豆家族航天选育记

国外航天选育

豆豆家族最早的航天选育始于1960年的苏联。

1984年，美国将番茄种子送上太空并逗留6年，返回地面经科研人员试验，获得了变异的番茄新品种，对人体无毒，可以食用。

苏联航天员在空间站长期生活期间，播种小麦、洋葱及兰花等植物，发现均比在地球上生长快、成熟早。

1996～1999年，俄、美合作首次成功地在和平号空间站上种植小麦、白菜和油菜。

美、俄进行种子搭载主要是为了研究种子在空间站的生长发育规律，为航天员长期在空间站居留提供食物供给。

至今，美、俄等国已在空间站上培育了豌豆、小麦、玉米、稻谷、洋葱、兰花及郁金香等100多种植物，研究太空环境下各种因素对植物生长的影响。

国内航天选育

1987 年，一批农作物种子、菌种及昆虫等“搭乘”我国第 9 颗返回式科学试验卫星升入太空，拉开了国内航天选育的序幕。

1995 年，专家建议将航天育种工程列入国家重大科技工程计划。

1996 年，第一次全国航天育种技术交流研讨会胜利召开。

我国第一个航天种子品种在 1998 年通过省级审定后，大批航天种子如雨后春笋般相继而出。

2000 年 10 月，《航天育种工程项目可行性研究报告》通过了有关部委评估。

2002 年，九枚泰和乌鸡蛋乘神舟三号飞船遨游太空近 7 天，回到地面繁衍生息，目前已经是八世同堂。

2003年4月，经国务院批准，航天育种卫星项目正式立项。

2005年7月，国防科工委正式批准“航天育种系统工程研制总要求”，工程开始实施。

2006年9月，实践八号育种卫星搭载了215千克蔬菜、水果、谷物和棉花种子，航天育种从搭载卫星的“配角”成为“主角”。

2011年9月，“天宫一号”成功升空，搭载了普陀鹅耳枥、大树杜鹃、珙桐和望天树4种濒临灭绝的植物种子。

2011 年 11 月，神舟八号飞船顺利升空，搭载诱变装置对接“天宫一号”并建立空间育种实验平台。

2012 年 6 月，神舟九号飞船顺利升空，首次搭载了活体蝴蝶（卵和蛹）。

2013年6月，神舟十号飞船返回舱在内蒙古草原顺利着陆，带回搭载的作物种子及医学生物样本等。

航天育种被列入国家“十二五”战略性新兴产业。

综合统计，中国航天搭载种子的DNA变异率约为5/1000。

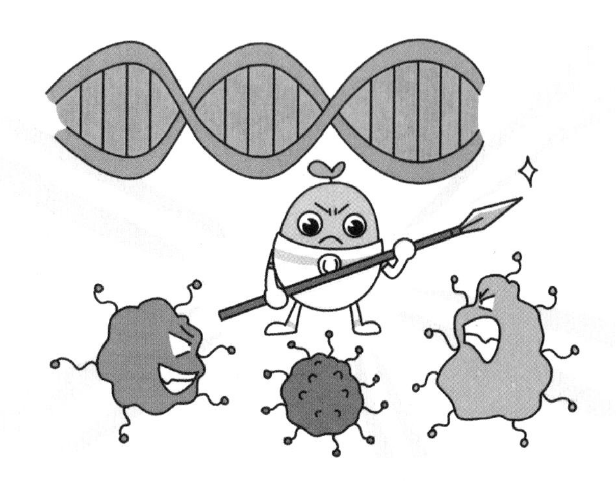

可以说，遨游太空15天的种子DNA变异率，相当于地面种子20～25年的自然变异率。

航天搭载种子的DNA变异又分为有益变异和无益变异，有益变异是指对人类有用的变异。

航天搭载后的选育过程，就是找出有益变异植株并加以繁育的过程。

培育一个航天育种新品种，往往需要科学家进行4～8年的地面选育。

航天育种新品种经过省级（或以上）新品种认定委员会认定通过后，可以进行市场化应用。

第三章
太空豆豆选育记

豆豆的《飞天日记》？没错，志在太空的豆豆，历经航天育种实验室举办的“Super 太空豆”建档、地面选拔活动，入选者搭乘航天器飞入太空，旅行结束返回地面，由科学家精心培育与详细评测，经严格评审合格后，终于成为神奇而光荣的“太空种子”……

豆豆的飞天梦

我是豆豆家族的普通一员，虽然父辈们经过人类选拔都变得很优秀，但我想变得更优秀。

好豆豆志在四方，我想去远方追寻我的太空梦想。

我报名参加了“豆豆上太空”航天育种的选拔。

豆豆地面选拔

我和参赛小伙伴被送到中国航天育种实验室，接受一系列选拔评比，胜利者才有遨游太空的机会。

工作人员先把参赛者分组，并分别建立详细的档案。我被分到蔬菜组。

工作人员按照很多指标来给参赛者进行科学检测、评分，优胜者进入下一轮筛选。

经过层层选拔，我终于获得了遨游太空的资格。

豆豆飞天

2006 年 9 月初，我们乘专车被送到酒泉卫星发射中心。

我们分别进入试管，密闭后被装入一个特别的试管袋内。

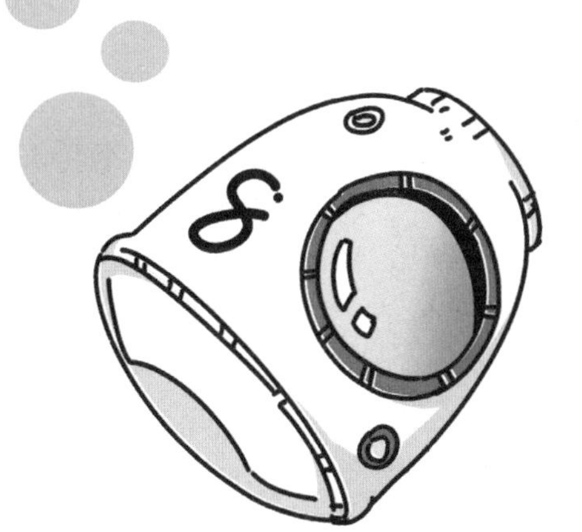

科学家把试管袋固定在实践八号返回舱的内壁上。

2006 年 9 月 9 日，一个让我难忘的日子，运载火箭把我乘坐的实践八号卫星送上了太空。

在太空飞行中，我可以摆任意的姿势玩耍、睡觉。

宇宙射线、真空、失重的太空环境，也给我带来了不适感，头昏脑涨，筋骨酸痛。

15天的太空飞行终于结束了，9月24日，我们乘坐返回舱回到地球。

返回舱外，围满了欢迎我们凯旋的人群。

回到北京，我们参加了盛大的交接仪式。在科学家们眼里，我们比金子还宝贵。

豆豆地面选育

在航天育种基地选育圃内，我们得到了育种家们的精细播种。

我们生根发芽，茁壮成长，开花结果。

在至少4年的选育生活中，我们要接受一系列抗逆性、高产、营养成分的测评。

最后脱颖而出的成功者，有希望脱胎换骨，成为豆豆家族的一个新成员。

豆豆太空身份审定记

科学家向新品种认（审）定委员会提出申请，提交完整的选育资料。

委员会组织相关专家进行现场验收和严格评审。

只有经过省级及以上新作物品种认（审）定委员会评审合格，并颁发新品种证号的，才能称为“太空种子”。

太空豆豆家族不断壮大

中国是最早将航天诱变育种技术应用于农作物培育的国家之一。

从1987年以来，我国已经搭载了3000多个品种。

43%

17%

在全部搭载的品种中，粮食占43%，蔬菜占17%，花卉占2.5%，草仅占1.8%。

2.5%

1.8%

1999年，我国第一个太空种子品种通过省级审定，标志着太空豆豆在中国的正式诞生。

目前，太空豆豆家族已经有了120多个成员了。

太空豆豆家族每年还会增加3~5个新成员。

太空豆豆的成员情况

“Ⅱ优航1号”是全国首个亩产突破900千克的超级稻，推广面积达200多万亩。

“中芝11号”芝麻是高产、高含油量、抗病、抗倒伏新品种。

太空彩棉(驼色)亩产皮棉均在175千克左右，是常规棉花产量的两倍。

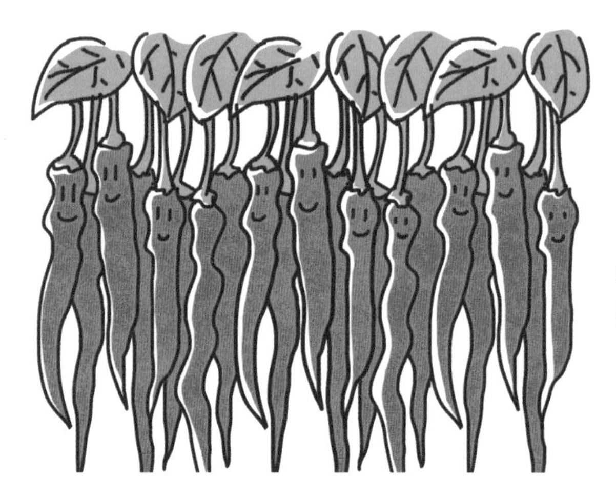

“航椒6号”辣椒单棵产量最多达到4千克，亩产量超过5吨。

“太空番茄”亩产量比普通番茄高20%左右。太空番茄均为无限增长型，在生产环境适应的条件下，其生长周期可达2年。

经过航天育种培育出的辅酶Q10菌种，生产能力成倍增长，发酵成本大幅度降低，菌种性状优良。

获得国际新品种证书的太空百合之一“巨神”，花朵直径可达30厘米。

太空豆豆的搭载

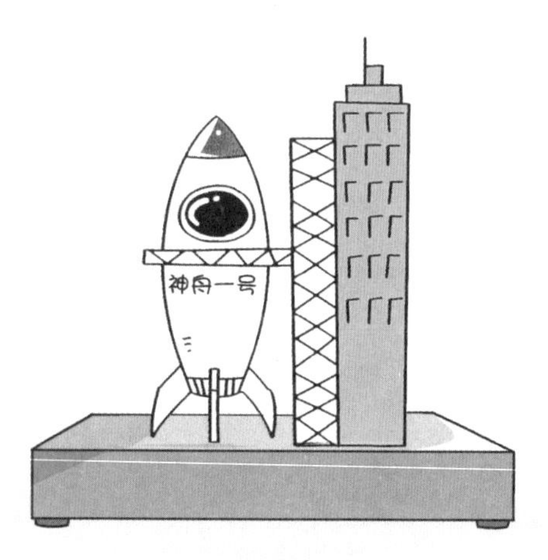

神舟一号飞船（1999年）：各10克左右的青椒、玉米、大麦、小麦、水稻、萝卜、香青菜、樱桃、番茄、菜椒、西瓜、甜瓜、豇豆、甘草及板蓝根等30多种种子。

神舟二号飞船（2001年）：石刁柏、圆红萝卜种子和总计重量为100克的番茄、黄瓜、卷心菜、青菜4种蔬菜的2万粒良种等。

神舟三号飞船（2002年）：无核试管葡萄干、常春藤、树梅、冷被石竹草、苜蓿花及葛藤等植物种子。

神舟四号飞船（2002年）：首次将杜康酒曲和植物种苗红豆杉的组胚试管苗带上了天，还包括向日葵、蝴蝶兰、烟草、雅安黄连槐、水稻、小麦、棉花、玉米、大豆、蔬菜、水果及药材等上百种种子或样品。

神舟五号飞船(2003年):台湾的青椒、番茄、稻米、芒果、香蕉、玉米、菊花、梅花、兰花，金门的一条根、滠槁树及马祖的红花石蒜等36种。

神舟六号飞船(2005年):地被菊、一串红、孔雀草、杂交石竹、普洱茶、微生物菌种、鸡蛋及蚕卵等。

神舟七号飞船（2008年）：微生物菌种、杂交水稻、辣椒、茄子、番茄、黄瓜、萝卜、珙桐及鹅掌楸等87个品系。其中，微生物菌种包括灵芝等；杂交水稻包括“洲A”和“洲B”两种。

神舟八号飞船（2011年）：桂花树、罗汉果、芦竹、葡萄种子及“日本晴”水稻品种等33种生物样品。

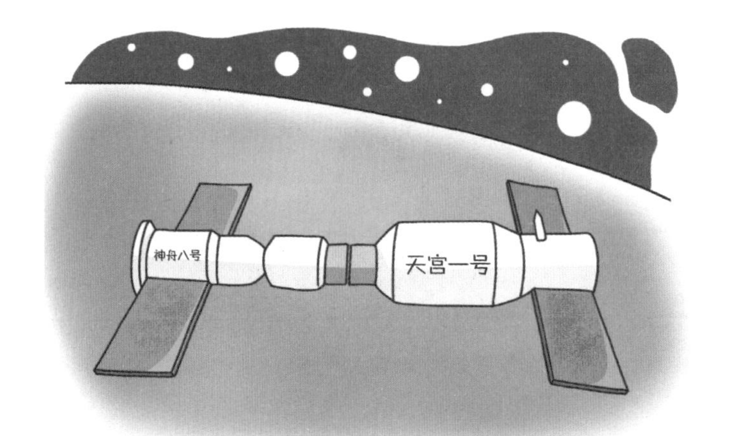

神舟九号飞船（2012年）：云南普洱茶种子；国内各科研单位和企业的农作物种子和微生物；珙桐、普陀鹅耳枥、望天树和大树杜鹃4种濒危植物种子。

神舟十号飞船（2013年）：来自澳门的100克人参种子和31克西洋参种子；福建名茶大红袍和正山小种种子；茄子、番茄、黄瓜、西瓜、甜瓜及红豆杉等品种种子。

第四章
未来展望与揭秘

太空豆豆的队伍在逐渐壮大……太空蔬菜神奇之处究竟何在？为何航天育种受到中国、美国、俄罗斯的高度重视？

航天育种不仅可以大幅度提高选育效率，而且培育出促进关乎国计民生的高产、高抗病性、高营养的作物新品种。展望未来，航天育种还可以助力中草药、保健品、珍稀树种等的研究，承担生态保护建设重任，可谓空间巨大！

太空豆豆选育展望

我国未来建立空间站重点选育的品种

俄罗斯专家建议，选用番茄和小麦，为人类征服宇宙提供必需的食品。

美国专家建议，选育香料或者高附加值植物，为高效农业服务。

中国专家认为，应选育名、特、优蔬菜，能源植物和用于西部开发的草种及树种等。

中国航天育种展望

航天育种是一个跨学科、跨行业的新领域，可尽快形成新型产业，成为新的经济增长点。

将细胞工程、分子育种与航天育种技术有效结合，可大幅度提高选育效率。

积极研究在太空环境下，植物基因变异的原因和作用机理。

创建航天育种新学科，培养一支航天育种的科研队伍。

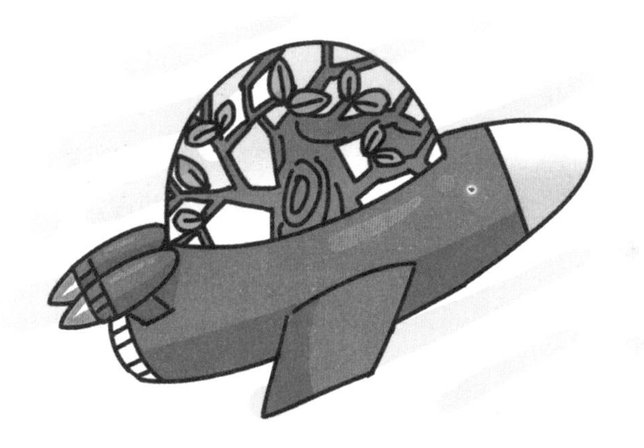

针对中国生态保护重任，加快速生、耐干旱、产量高的苗木、饲草和植被草类品种的航天育种。

加大对涉及国计民生的高产、高抗等大田农作物的航天育种研究。

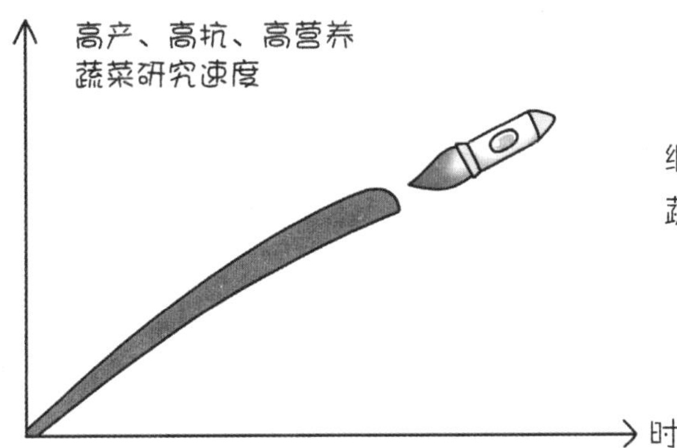

继续加快高产、高抗、高营养蔬菜的航天育种新品种研究。

系统开展对中国传统中草药的航天育种新品种研究。

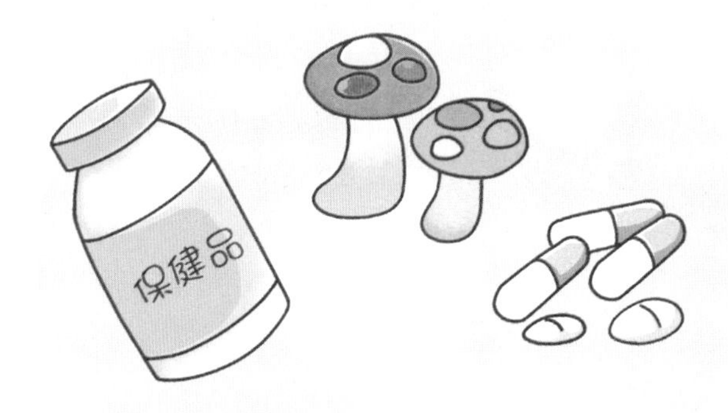

加大对食用菌、保健品和药品的航天育种研究。

满足园林美化需要，加大对创新型园林绿化树种、花卉的航天育种研究。

开展针对海南黄花梨等国家珍稀树种的航天育种研究。

提高林业附加值，加大对经济林树种的航天育种新品种研究。

加大对牲禽动物航天育种新品种的研究。

大力宣传航天育种知识，并与农产品安全性教育进行有机结合。

结合中小学生的九年制义务教育，在学校内外广泛开展航天育种的科普教育。

在全国建立起点面结合的试验和推广体系，加快科技成果转化。

俄罗斯和美国航天生物学研究展望

研究地球生物能否在太空生存。

地球生物在太空条件下后代的变异。

建造太空养殖场，解决航天员的太空食品问题。

利用生物链循环，解决再生水、再生氧气和垃圾处理问题，创造生存小环境。

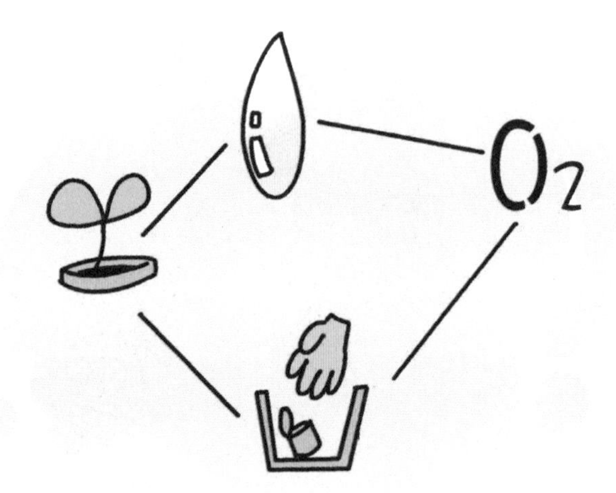

研究航天医学、航天心理学出现的问题和治疗方式。

开展空间制药研究。

揭秘“太空蔬菜”

高真空、强辐射及微重力等特殊的太空环境，使航天搭载的豆豆基因发生变化。

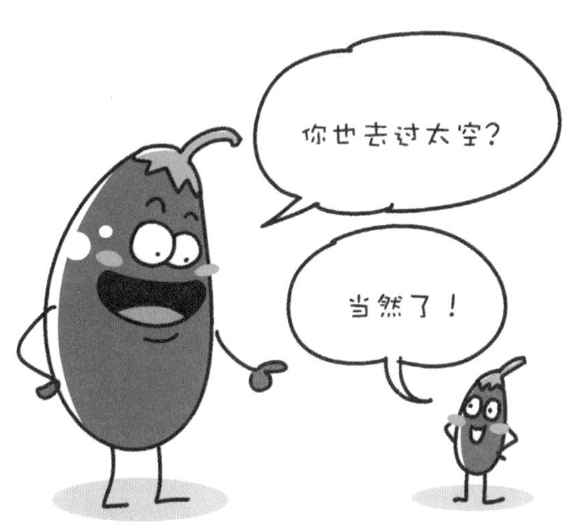

航天搭载的豆豆基因的变化是不定向的，有可能长得更大，也有可能长得更小。因此“太空蔬菜”不全是大块头。

“太空蔬菜”各营养指标都超过普通蔬菜。如维生素含量提高两倍以上，铁、锌、铜及磷等微量元素均提高20%～30%。

高产、抗病、营养丰富和外观漂亮，是“太空蔬菜”新品种选育的主要特点。

早在1981年，联合国国际粮农组织、国际卫生组织、国际原子能机构已联合认定：航天育种的种子是安全种子，太空种子培育出的农作物是健康安全的食品。

经过太空遨游选育后的新品种，长出的黄瓜像胳膊一样粗，茄子如篮球一般大，不必担心，可放心食用。

太空番茄的番茄红素含量高，番茄红素具有独特抗氧化能力，能消除人体内自由基，有效阻止癌变进程。

太空番茄加热烹制后，会失去原有的营养与味道。因此，鲜食太空番茄是人们补充维生素、提高抗癌能力的最佳选择。

每人每天鲜食50~100克太空番茄，不仅可满足人体对维生素和矿物质的需要，还可提高免疫力。

太空番茄的果色有红、绿、黑、黄4种；口味酸甜适中，爽口，糖度高，口感佳，适合当水果鲜食。

太空茄子富含维生素P，有助于防治高血压、冠心病和动脉硬化。

印度药理学家已从茄科植物中成功地提炼出一种龙葵素，用来治疗胃癌、唇癌及子宫颈癌等疾病，太空茄子的龙葵素含量比较高。

氧化

氧化

氧化

氧化

太空茄子切开后果肉不变色，抗氧化能力极强，味道好，口感佳。

太空茄子大块头单果重达2.5~4.0千克，大如篮球，如航茄1号。

太空蛋茄形状、色泽、大小均如同鸡蛋、鹅蛋。

太空小彩茄色泽鲜明，适合观赏，不适合食用。

航茄6号，果实长成灯泡形，果皮紫黑亮色，绿萼。

航茄8号，一枝花序有4~6朵花，可结果3~6个，结果数量多。

航茄8号的嫩茄最适合蘸酱生食，口感极佳，适量食用对软化血管有良好效果。

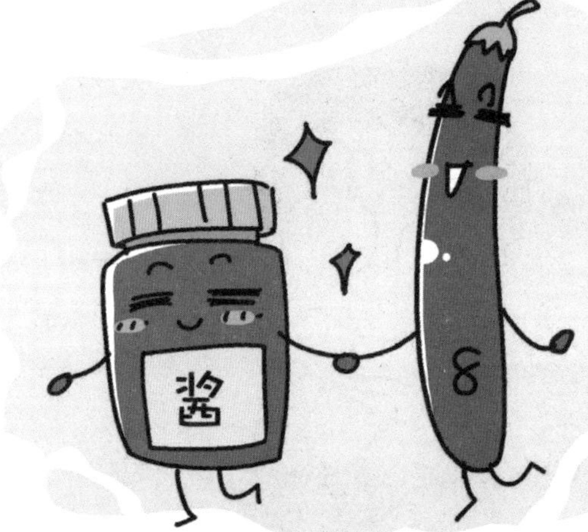

航茄3号，果实形状如佛手，嫩果味道鲜美，外形奇特，适合观赏和食用。

航椒6号，果实长成羊角形，果面微皱、浅绿色，口感极佳。

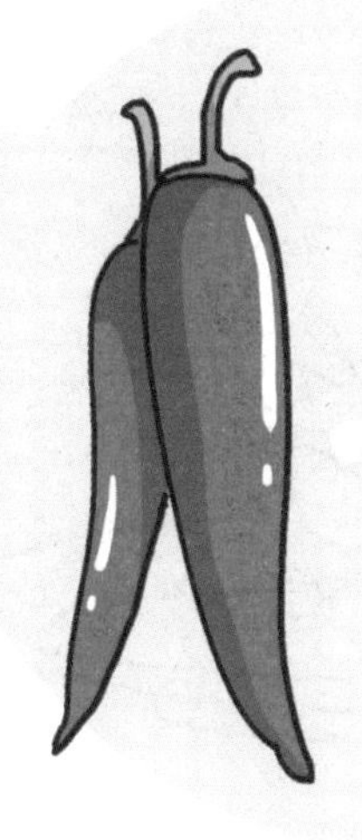

太空红剑，色素椒，色价高，适合提炼色素。

太空黄帅，观赏食用型辣椒，果实呈金黄色，可用于加工色素、制干。

航椒5号，羊角椒，皮薄肉厚，褶皱多，微辣，适合炒肉吃，风味独特。

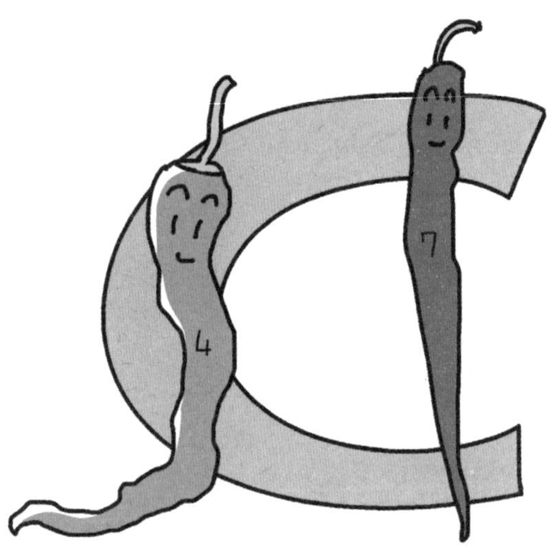

航椒4号和7号，辣度适中，维生素C含量极高，色泽艳丽，最适合制干和做辣椒酱。

航椒8号，果实个大，如牛角形，皮薄肉厚，辣度适中，适合蘸酱鲜食，西部人民的最爱。

航椒9号，果实形状如牛角，个大味美，适合做菜炒食，亩产超过5吨。

航椒10号，果实光滑，形状如手指，辣度强，适合制干，亩产量是朝天椒的两倍以上。

太空彩色甜椒（红色、桔色、紫色、黄色），可直接生吃，味道微甜，清脆爽口，适合做沙拉。

太空鸡爪椒，果实形状如鸡爪，朝上簇生，果实颜色由绿色转变为白色，然后转为红色。观赏周期可达半年，适合阳台盆栽。

太空大朝天椒，果实大如羊角，朝上簇生，观赏周期可达半年，适合阳台盆栽。

太空苹果椒，果实形状如小苹果，颜色多变，绚丽多彩，观赏周期可达半年，适合阳台盆栽。

太空架豆叶绿素含量是普通架豆的两倍以上，炒食时仍翠绿，口感清脆、醇香。

太空豇豆，荚长1米左右，耐老化，主侧蔓同时结荚。

太空特大南瓜，一般能长到100～200千克，适合做观光品和工艺品，果实经过处理后可保存半年以上。

太空香炉瓜，形状如香炉（绿色和红色），可食用，也可做工艺品。

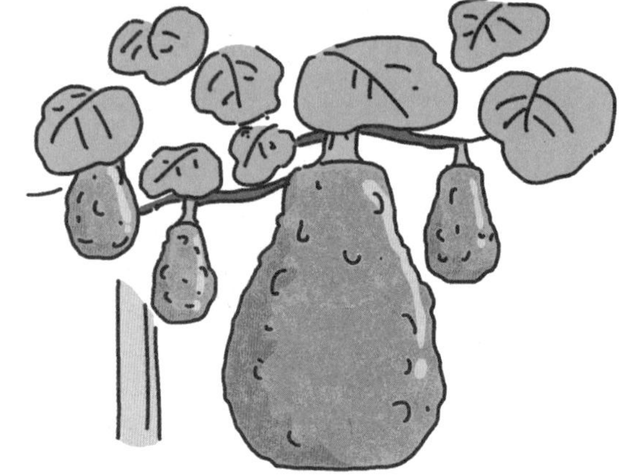

太空观赏南瓜，俗称“疙瘩瓜”，既可食用，又可观赏，适于工艺生产、庭院观赏、园艺观光。

太空长南瓜，嫩果生长期间，砍掉一部分果实，余下部分仍能继续生长。

太空长丝瓜，能长到2米长，适合观光园种植，观食兼用。

太空鹤首葫芦，果实形状如仙鹤，极具观赏和收藏价值。

太空宝葫芦，有长棒形、酒瓶形及飞碟形等。

第五章
“太空农场”——太空豆豆的家园

上得太空下得农场，未来的航天员够酷炫吧！不远的将来，“太空农场”不仅可以满足航天员基本的饮食需求，还可以维持人类太空基地的可持续发展。也许你觉得“太空农场”离自己太遥远，那么以创意休闲旅游为主题，包含航天科技成果展示及航天科普教育的地面“太空农场”，足以让你领略航天科技与农业科技结合的神奇之处！

“太空农场”，梦想照亮现实

诺亚方舟传说，是古人预防洪水灾难而理想化构建的地面可漂移的“太空农场”。

1961年，苏联东方一号载人飞船实现了人类遨游太空的梦想，“太空农场”梦想由地面转向太空。

1969年，美国阿波罗十一号载人飞船登上月球。“太空农场”梦想由地球到达了月球。

在不久的将来，美国国家航空航天局（NASA）将借助小行星、月球、火星卫星这些跳板，实现踏足火星的梦想。“太空农场”梦想将由地球到达火星。

保障太空生存的三种方法

第一种方法是自带所需物资，带回生活垃圾，这是目前所有载人航天器所采用的方法，成本极高。

第二种方法是就地取材，在外星上获取资源。所需的技术要求很高，目前无实质进展，可能近50年都难以完成。

第三种方法是打造封闭的“太空农场”，带着生物去太空旅行，实现能量的自我循环。

揭秘"太空生物"

航天员的大小便和部分生活垃圾经过微生物的分解发酵，可作为植物的肥料。

植物直接作为航天员的素食，也可作为“太空农场”中动物的饲料，动物则成为航天员的肉食。

植物为航天员和动物提供所需的氧气，同时吸收二氧化碳，并通过光合作用合成有机物质。

植物通过蒸腾作用，把航天员和动物的尿液等转化为水蒸气，冷凝后成为干净的饮用水。

未来在太空中长期旅行，仅需携带少量的应急饮食、一些植物种子和不同性别的动物幼体即可。

未来航天员不仅是科学家和探险家，还会是在太空舱中种地的"太空农民"。

"太空农场"的相关技术不仅适用于太空舱，也适用于外星基地。

世界各国对“太空农场”的探索

俄罗斯的“太空农场”——生物圈计划

生物圈1号和2号试验证明：8平方米的藻液就可以满足1个人对氧气的需求，而且藻粉可以成为航天员的食品。

生物圈3号是以粮食、蔬菜等为主，小球藻为辅。结果表明，植物可为航天员再生所需要的100%的氧气和水，食物的再生率可达50%~80%。

生物圈4号具有全面保障两名航天员生命的能力。每人需要的“太空农场”容积和面积分别是20立方米和24平方米。

英国对“太空农场”的探索

英国《宇航学报》研究称：拥有18位常驻民的月球基地，20%依靠地球食品，80%依靠生物再生，可保证基地运转5年以上。

美国探索“太空农场”的可行性

美国在航天计划中，将“植物在密封太空舱内进行长期实验”列为重点研究项目。

20世纪50年代，美国就着手研究密闭环境生命保障系统，主要利用藻类再生氧气。

20世纪70年代开始建立的高等植物密闭系统，主要用来生产食物、再生氧气和加工利用废物。

20世界90年代启动的月球/火星生命保障试验计划，利用生物和物理化学技术，进行一定程度的食物生产、大气再生、水循环及废物处理等。

生命保障整合试验装置，是美国为实施月球/火星生命保障试验计划而研制的大型地面设备。

4 名航天员组成的乘组，完成了 90 天的密闭生保系统试验。

试验中种植的小麦，可以提供 1.1 人所需的氧气、4 人所需的水和 25% 的食物（收获的种子制成面包供航天员食用）；种植的蔬菜满足全部需要。

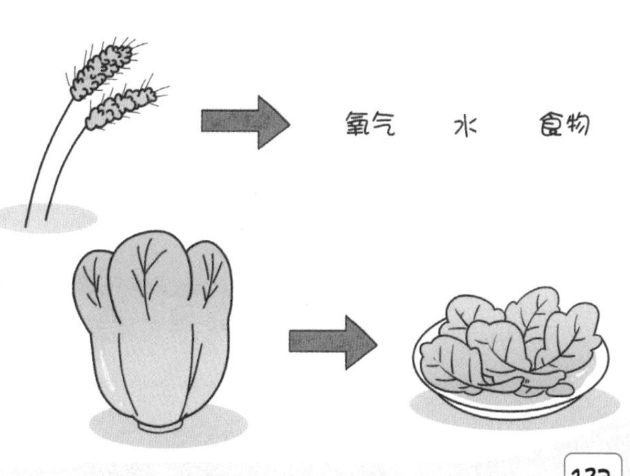

试验中70%的植物不可食生物量（包括根、茎、叶及穗壳等），通过微生物反应器，转化成植物营养液，重新参与系统中的物质循环。

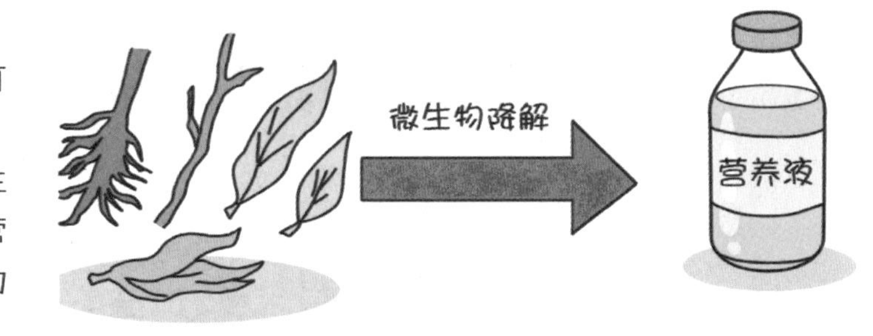

试验中冷凝水、生活废水通过微生物反应器和超滤/反渗透相结合的方法进行处理，被航天员重新利用。

航天员在试验中的食品都是定量的。每天都有严格的食谱，20天重复一次。

试验还研究了长期载人飞行对人的生理、心理及训练等方面的影响，以及微生物和挥发性有机污染物对人和系统的影响。

约翰逊航天中心已建成多台低压植物栽培装置，进行了生菜及小麦等多种植物低压低氧条件下的栽培试验研究，以探明植物耐受低压的程度。

试验证实，生菜在0.1个大气压下基本可以正常生长。这些研究结果是建立低压“太空农场”的重要参考依据。

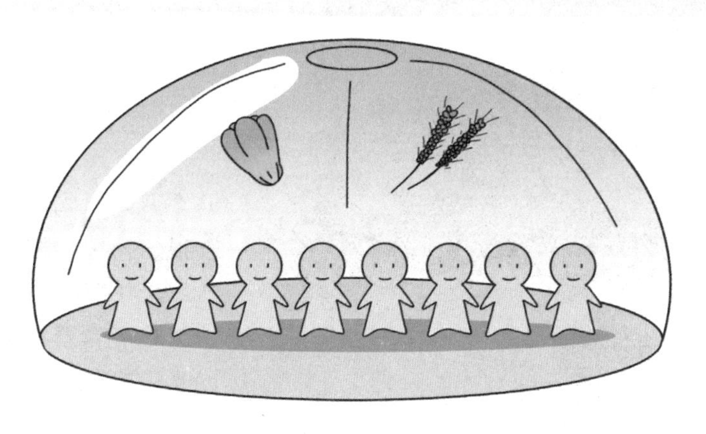

美国正在建立月球/火星农场地面模拟基地，建成后，拟进行8人两年的密闭试验研究，食物、氧气和水基本实现100%的自给。

预计2018年，美国将开始月球/火星农场的建造与应用，为定居与开发月球或火星创造必要的条件。

据《天体生物学》杂志报道，植物能从月球土壤中“提取”铁、镁及锰等营养物质，促进其生长。

科学家希望将植物改造成“生物矿工”，来提取月球上的营养物质或矿物质，实现太空基地的“可持续发展”。

月球“太空农场”可基本满足航天员的饮食需求，是未来建设太空基地的有力保障。

中国“太空农场”探索——“天宫二号”

2013 年，中国航天员科研训练中心开展了两人 30 天 BLSS 集成技术试验并获得成功，135 平方米的蔬菜可“养活”1 人。

2015年，中国开展了“星际绿航——4人180天密闭生态循环系统验证试验”。

2016年，中国将发射“天宫二号”、“神舟十一号”和“天舟一号”，以实现航天员中期驻留、再生式生命保障以及货运飞船补给等空间站关键技术。

2018 年，中国将发射空间站试验核心舱。2022 年前后，中国将发射组合体空间站，开展较大规模的空间应用。

“太空农场”的实现

2030 年，国际空间站将打造一座真正的“太空农场”，全面满足航天员在空间站的生活需求。

地面的“太空农场”

美国主题“太空农场”

美国“太空农场7号”太空主题玉米迷宫农场，内设有哈勃望远镜及国际空间站等，让游客体验迷失太空的感觉。

中国的“太空农场”

中国的“太空农场”是以为消费者提供高品质农产品和服务为保障的航天主题生态农业综合体。

中国的“太空农场”遵循循环经济要求，在维系生态环境可持续发展的前提下，将航天育种科技成果转化为生产力。

中国的"太空农场"严格按照"99+0=0"的中国航天质量控制要求，提供"从种子到餐桌的全程航天品质控制"的优质产品和服务。

中国的"太空农场"主要功能：现代航天农业科技成果展示、航天科普教育、文化创意休闲观光旅游。

中国的“太空农场”可增加的功能：健康护理、养老度假等。

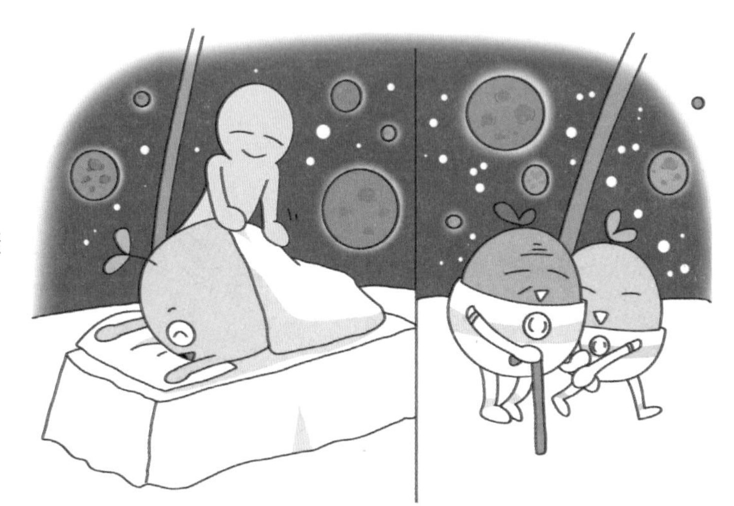

中国的“太空农场”选址条件：气候条件，如避暑、避寒及生态气候等。

中国的“太空农场”外部条件：区位、交通、旅游资源及配套产业等。

中国的“太空农场”种植条件：土壤、空气、水。地块要适合生态农产品栽培要求。

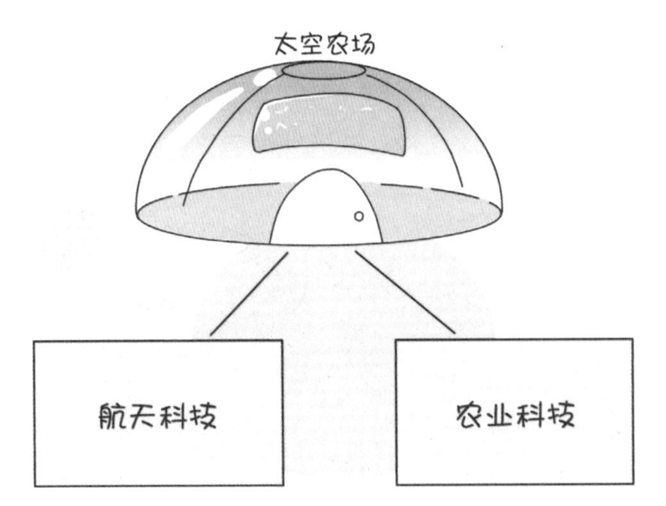

中国的“太空农场”是航天科技与农业科技的综合应用体。

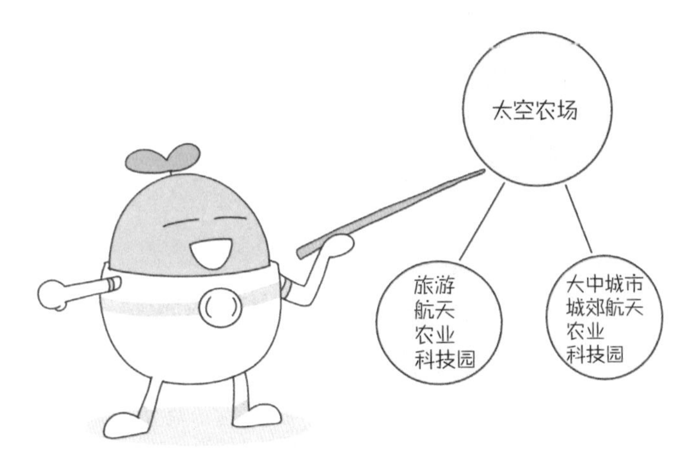

中国的“太空农场”可分为旅游航天农业科技园和大中城市城郊航天农业科技园。

中国的“太空农场”具有较强的科技含量和品牌效应，利于发挥航天科技成果的宣传和转化引导作用。

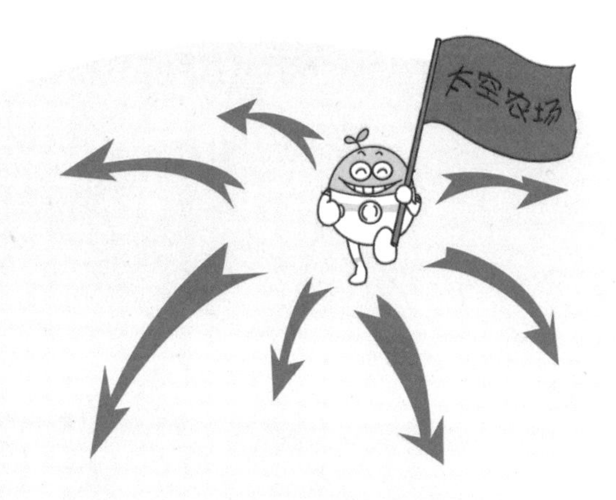

中国的“太空农场”将实现连锁化运营，从中国起步，辐射到东南亚和其他国家及地区。

附 录

航天育种是集航天技术、生物技术和农业育种技术于一体的农业育种新途径，是当今世界农业领域中最尖端的科学技术课题之一，通过已进行的太空农业试验，植物、动物等生物体的许多特性奥秘被揭示。自 1987 年以来，我国已有 120 多个航天育种农作物新品种通过审定，200 多个品系在农业生产中推广应用。

以下是部分航天育种农作物品种的种植图片。

航茄 1 号

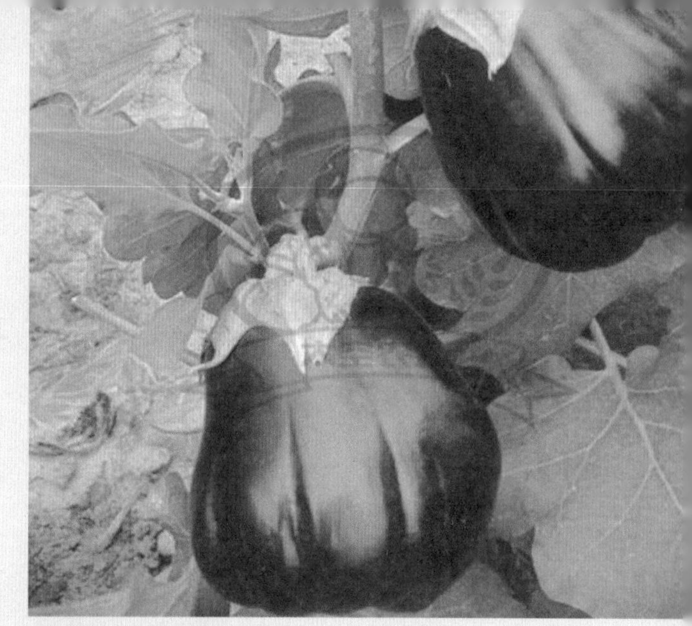

航茄 3 号

航茄 5 号

航茄 6 号

航茄7号

航茄8号

太空蛋茄（鹅蛋茄）

小彩茄

太空蛋茄（鸡蛋茄）

太空蛋茄（绿蛋茄）

太空黑钻

太空红钻

太空黄钻

太空绿钻

宇航 3 号

宇航 4 号

宇航 5 号

宇航 6 号

太空观赏南瓜

太空红皮南瓜

太空特大南瓜

太空香炉瓜（红皮）

太空长南瓜

太空香炉瓜（绿皮）

太空长丝瓜

太空葫芦 1 号

太空葫芦 1 号 03

太空葫芦 1 号 02

太空葫芦 2 号

太空葫芦 2 号 02

航椒1号

航椒4号

航椒5号

航椒6号

航椒 7 号

航椒 8 号

航椒 9 号

航椒 10 号

航椒红剑

太空番茄椒（绿果朝上）

太空番茄椒（绿果朝下）

太空番茄椒（乳白果朝上）

太空番茄椒（乳白果朝下）

太空黄尖椒

太空鸡爪椒

太空五彩椒

写在最后

青少年不仅是每个家庭的希望，更是国家发展的后备力量。作为社会进步的希望所在，青少年的阅读经历和知识结构搭建尤其重要。相较于一般的文学作品，科普读物有其独特的优势。本书以生动的语言、活泼的漫画，为孩子们营造了一个充满趣味的知识空间，并使这个空间不失童心的魅力。

科普读物在青少年的知识熏陶和科学精神的培养等方面发挥着难以替代的巨大作用。青少年正处在掌握知识的黄金时期，对他们来说，选择内容好、通俗易懂、图文并茂、实用性强的科普图书来阅读，既能开阔视野，提高学习能力，又有利于身心健康。

北京神舟绿谷农业科技有限公司编著的这本书，本着适应青少年学习的需求，集科学性、知识性、趣味性于一体，希望为青少年打开一扇科学知识的窗口，活跃其智力，启迪其智慧，激发青少年对航天科技与太空知识的好奇心和求知欲，丰富其精神生活，帮助他们树立正确的世界观和价值观。

北京神舟绿谷农业科技有限公司